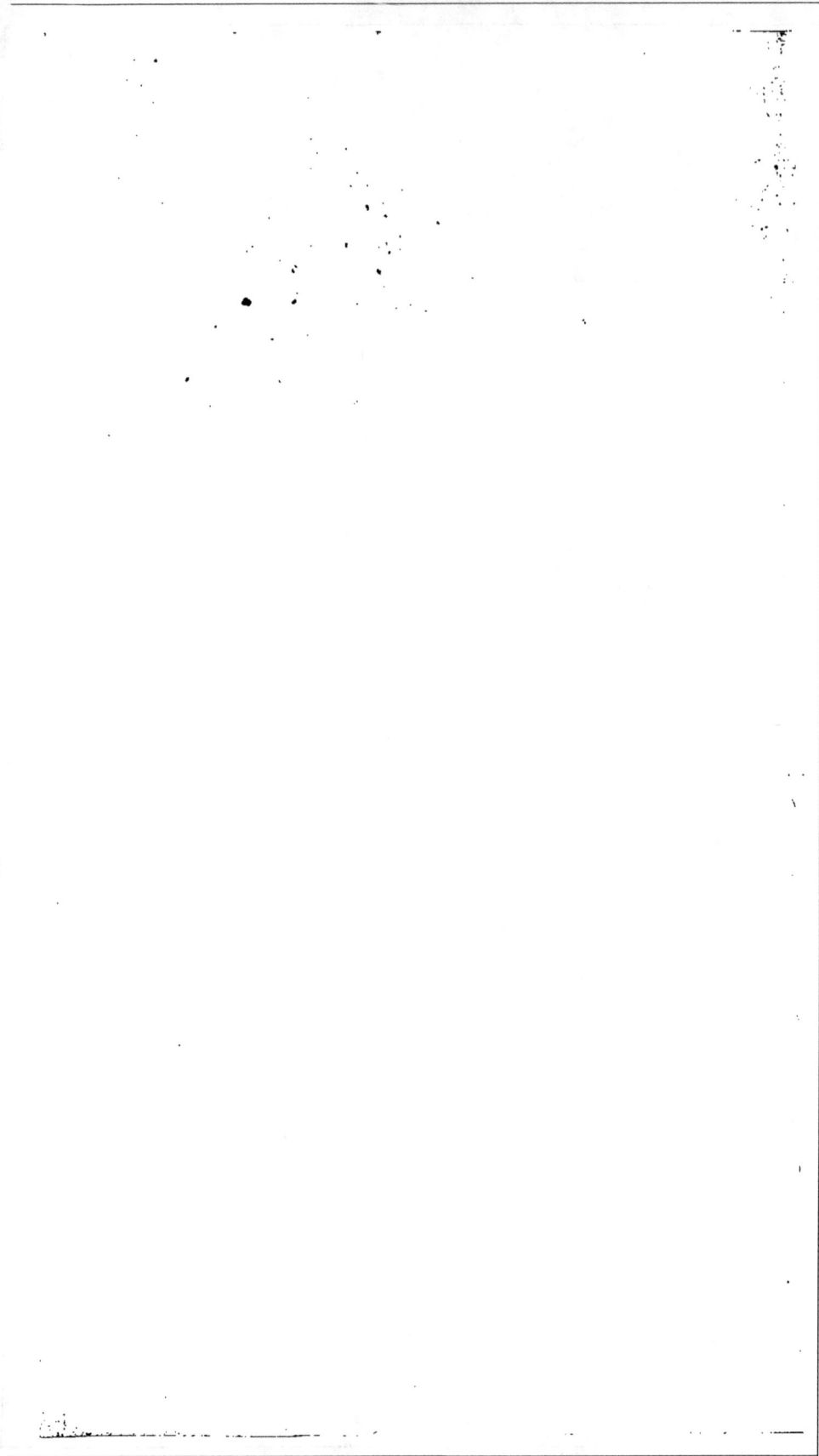

MÉMOIRE

SUR LA QUESTION SUIVANTE MISE AU CONCOURS

PAR

LA SOCIÉTÉ DE MÉDECINE DE LYON

Pour l'année 1856.

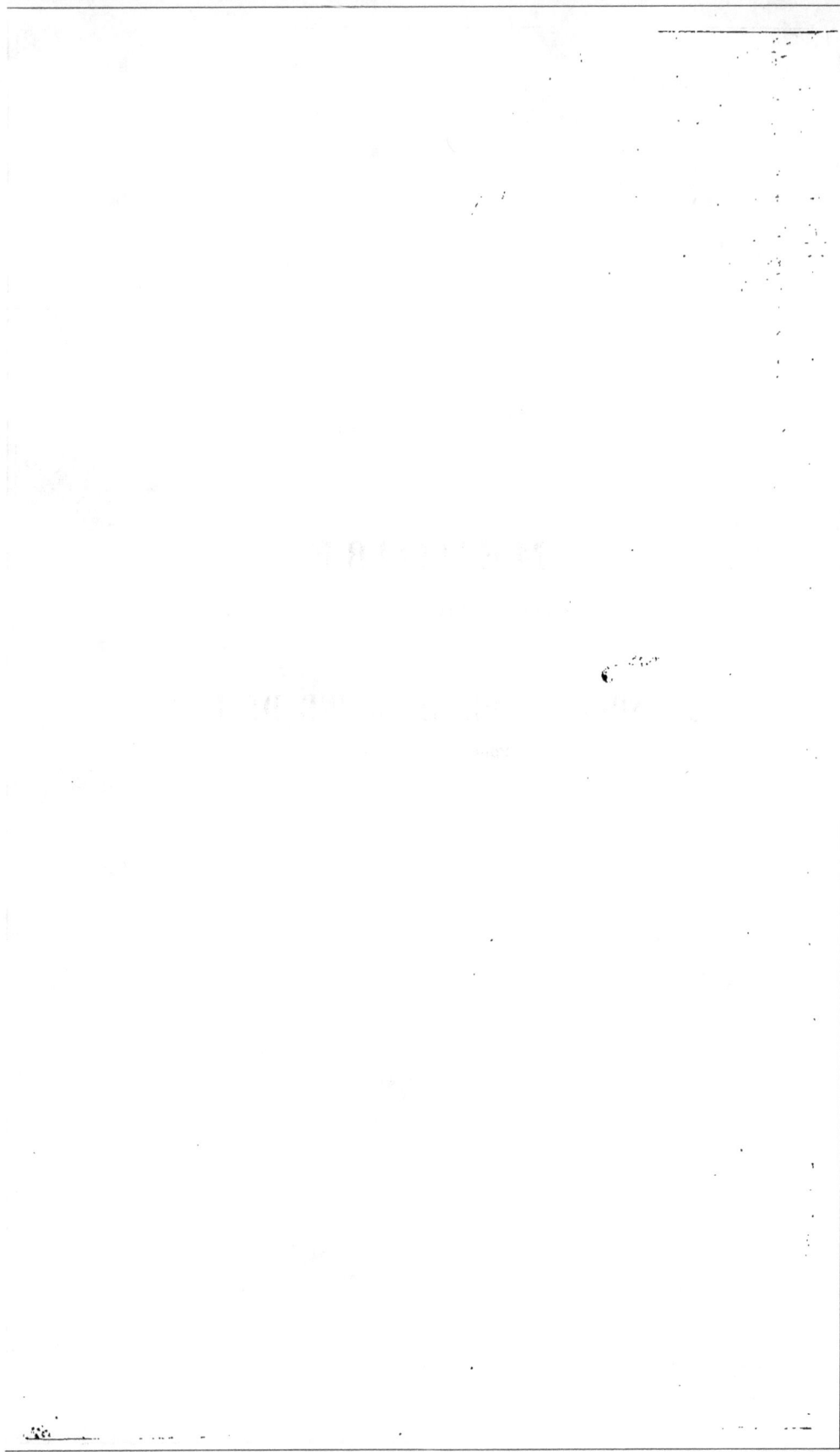

MÉMOIRE

SUR LA QUESTION SUIVANTE MISE AU CONCOURS

PAR

LA SOCIÉTÉ DE MÉDECINE DE LYON

Pour l'année 1856 :

DÉTERMINER L'INFLUENCE QUE LES RÉCENTES
DÉCOUVERTES EN PHYSIOLOGIE ET EN CHIMIE RELATIVES AUX
FONCTIONS DES ORGANES DIGESTIFS DOIVENT EXERCER SUR
LA PATHOLOGIE ET LA THÉRAPEUTIQUE DES MALADIES
DE CES ORGANES.

PREMIÈRE MENTION HONORABLE

Obtenue par M. le Dr Bernard fils,
De Montluel.

LYON.

IMPRIMERIE D'AIMÉ VINGTRINIER,
QUAI SAINT-ANTOINE, 36.

—

1856.

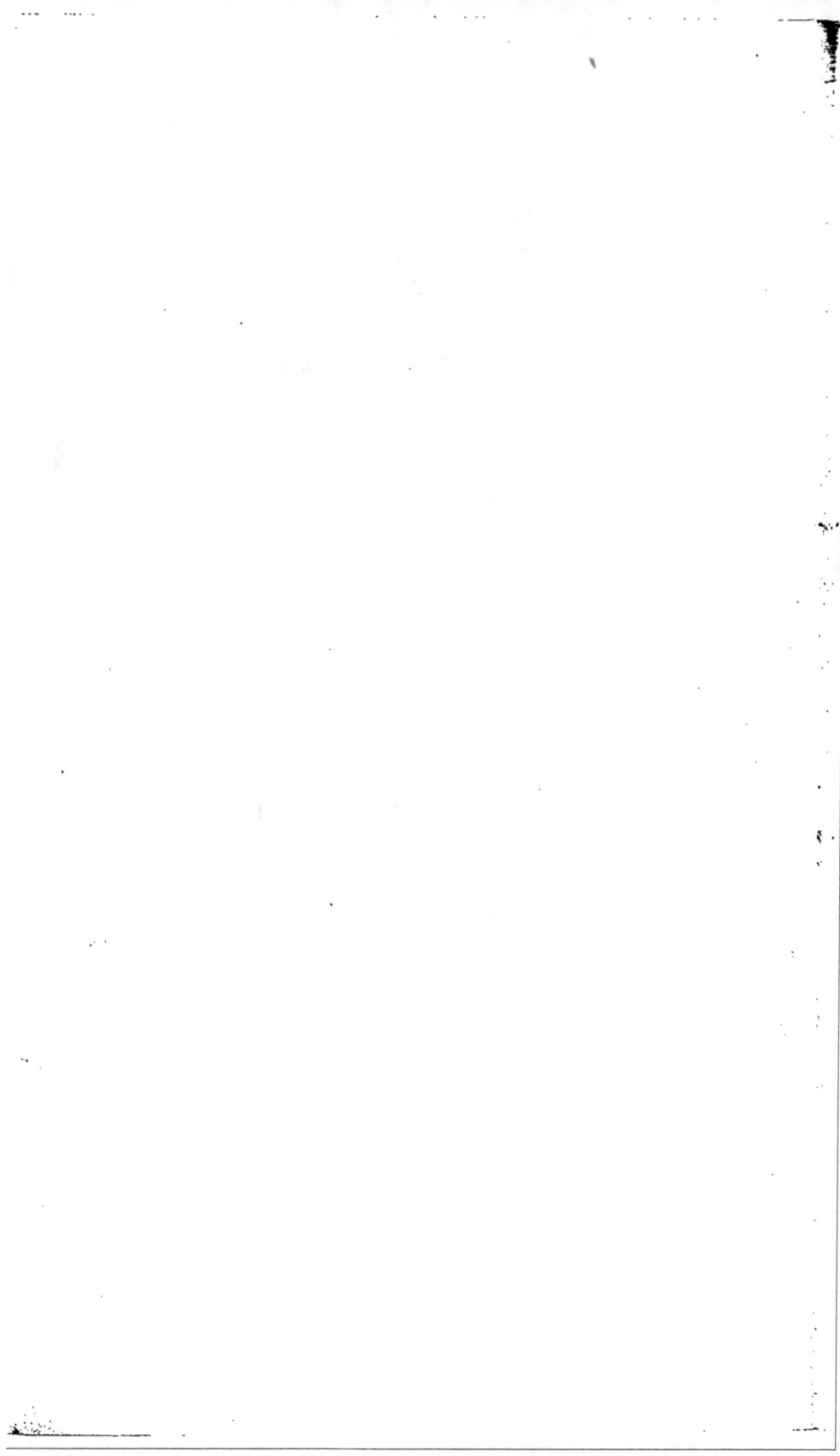

A MON ONCLE ALEXIS BERNARD.

... Fierique studebam ejus prudentia doctior.

CICÉRON, De amicitia.

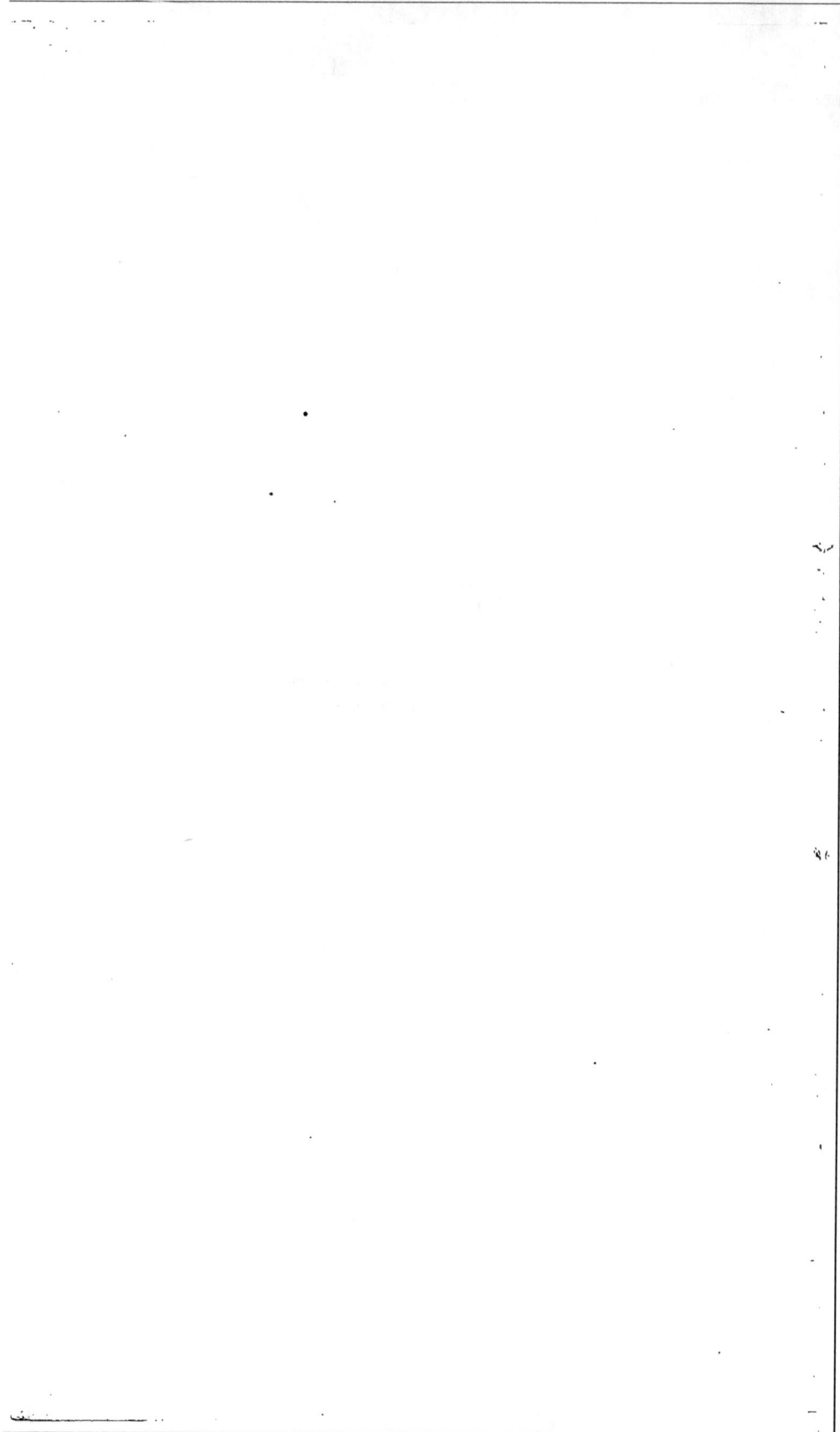

MÉMOIRE

———

.. Or si la régularisation des actes physiologiques est d'une haute importance dans le traitement spécial des maladies articulaires, l'induction conduit à rechercher quelle influence cette régularisation PEUT AVOIR DANS LES AFFECTIONS D'UN ORGANE QUELCONQUE.

(M. BONNET , de Lyon. Traité de thérapeutique des maladies articulaires. — Introduction.)

I.

ÉTAT DE LA QUESTION.

Deux époques se présentent dans l'histoire de la physiologie expérimentale. La première est caractérisée par des expériences purement anatomiques, la seconde par des expériences chimiques. A l'une appartiennent Haller, Bichat, Le Gallois, Charles Bell, etc. ; à l'autre appartiennent la plupart des travaux contemporains. De graves objections ont été élevées contre ces tendances chimiques de la physiologie. La plus grave est celle-ci : le corps humain ne peut pas être assimilé à une cornue. Il n'est peut-être pas hors de propos d'y répondre ici, afin de ne pas laisser planer , sur les découvertes dont nous avons à apprécier les conséquences pratiques, un soupçon de tache originelle.

L'étude des phénomènes vitaux nous démontre que le corps des animaux vivants est le théâtre de réactions chimiques parfaitement identiques à celles qui se passent quelquefois dans des vases inertes. Pour rendre évidente cette proposition capitale je ne citerai que deux expériences bien connues aujourd'hui et faciles à répéter partout.

(A). Prenez deux lapins : l'un nourri avec des substances azotées, de la viande hâchée et du gluten ; l'autre nourri avec des substances non azotées, des carottes par exemple. Recueillez dans des verres à pieds l'urine de ces deux animaux. Celle du premier sera claire, limpide, présentera une réaction acide bien marquée, contiendra de l'urée en abondance qui, à l'aide de l'acide nitrique, précipitera en nitrate d'urée cristallisable. Celle du second sera trouble, *jumenteuse*, présentera une réaction alcaline parce qu'elle contient des carbonates calcaires. Eh bien! si vous eussiez détruit par le feu dans un creuset les aliments azotés du premier lapin, vous eussiez obtenu du carbonate d'ammoniaque; or, l'urée n'est que du carbonate d'ammoniaque, plus deux mollécules d'eau. Si pareillement vous eussiez détruit par le feu les aliments non azotés du second lapin, vous eussiez obtenu de l'acide carbonique et des cendres alcalines. Donc, dans ce cas, l'action du corps vivant est une action chimique dans ses résultats.

(**B**). Tout le monde sait que l'*émulsine* (extrait d'a-
mandes douces) et l'*amygdaline* (extrait d'amandes amè-
res) ne donnent lieu à aucun dégagement, si on les
dépose dans des vases différents ; mais qu'elles donnent
lieu à un dégagement d'acide prussique si on les réunit
dans un même vase. Eh bien ! pour ces deux substances la même chose se passe dans le corps animal. Injectez de l'émulsine seule dans les veines d'un chien,
aucun phénomène d'empoisonnement ne se manifestera.
Injectez de l'amygdaline seule dans les veines d'un autre chien, aucun phénomène d'empoisonnement ne se
manifestera. Mais injectez successivement et coup sur
coup ces deux substances dans les veines du même
chien, et presque immédiatement il sera frappé de mort.

Sans porter atteinte aux doctrines vitalistes, dont
les doctrines chimiques ne sont que les servantes,
ces deux exemples prouvent que des phénomènes chimiques se passent au sein de notre organisme. Les
physiologistes ont donc raison de rechercher ces phénomènes, de les abstraire, de les formuler, d'en faire la
science. Avant leurs intéressantes découvertes, ce que
nous connaissions des modifications *chimiques* éprou-
vées par les aliments dans le tube digestif pouvait se
résumer en la doctrine que je vais rappeler et qui na-
guère encore était classique pour chacun de nous.

La salive humecte, pénètre le bol alimentaire, en

rassemble les mollécules divisées, leur imprime un premier degré d'animalisation, les invisque pour faciliter
leur glissement dans l'œsophage. Reçu dans la cavité
stomacale, le bol alimentaire se fluidifie, éprouve une
altération profonde sous l'influence de l'acidité du suc
gastrique et se convertit en une pâte molle, homogène,
connue sous le nom de Chyme. Cette pâte chymeuse
passe dans le Duodenum où le fluide mixte Pancréatico-
biliaire la décompose en deux parties : l'une, *Chyleuse*
ou nutritive, qui est absorbée dans l'intestin grêle par
les vaisseaux lactés ; l'autre, excrémentitielle ou non
nutritive, qui est chassée dans le colon pour être livrée
à la défécation.

Cette doctrine n'est point une hypothèse, c'est l'expression générale de faits nombreux, constatés à grands
frais d'observations attentives, d'expériences ingénieuses, par des savants illustres, tels que les Réaumur,
les Haller, les Spallanzani, les Chaussier, les Dumas
de Montpellier, les Montègre, les Tiedmann et Gmelin,
les Beaumont, les Leuret et Lassaigne, les Schwann,
les Brodie, les Magendie, les Blondelot et tant d'autres.
Ce qui la caractérise avant tout, c'est l'*unicité* de la digestion. *Un* bol alimentaire forme *un* chyme, ce chyme
se convertit en *un* chyle, ce chyle est absorbé par *un*
ordre de vaisseaux qui en *un* lieu déterminé le déverse
dans le torrent circulatoire. Aussi, pourrait-on lui donner pour épigraphe cette sentence si souvent répétée

du père de la médecine : « Il n'y a qu'un aliment, mais « il y a plusieurs espèces d'aliments. »

La nouvelle doctrine n'est point contradictoire de la précédente, elle en est le développement précis. Telle qu'elle a été établie par les Dumas, les Liebig, les Bouchardat et Sandras, les Eberle, les Mialhe et par Claude Bernard au-dessus de tous, elle est caractérisée par l'idée de la digestion multiple. D'après elle il y a trois ordres d'aliments : les matières féculentes, les matières albuminoïdes, les matières grasses ; trois menstrues digestives : la salive, le suc gastrique, le liquide Pancréatico-biliaire ; trois principes catalytiques : la diastase salivaire, la pepsine, la diastase pancréatique ; trois laboratoires principaux dans le canal digestif ; trois produits assimilables : le glucose et l'albuminose qui sont absorbés par les radicules de la veine porte pour aller au foie, et la graisse émulsionnée qui est absorbée par les chylifères. En un mot : il y a un mode spécial de digestion pour chaque espèce d'aliments.

En présence de ces idées nouvelles, dont la vérité est établie sur des expériences simples et brillantes, souvent répétées et toujours concordantes, sur l'autorité de leurs auteurs et sur la sanction des commissions académiques chargées de les apprécier, les médecins praticiens ont dû concevoir l'espérance de voir enfin se réaliser, pour les maladies des voies digestives, l'alliance de la Physiologie avec la Pathologie et la Thérapeutique. J'ai entendu plusieurs de mes maîtres énoncer cette pensée : il doit y avoir des gastralgies, des dyspepsies et même des lésions organiques du canal digestif, occasionnées par un changement survenu dans la quantité ou la qualité du suc gastrique, de la salive, du suc pancréatique ; ce serait un beau travail que d'en tracer l'histoire. De son côté, la Société de Médecine de Lyon, avec sa sollicitude habituelle pour tout ce qui intéresse l'art de guérir, demande, sans rien préjuger, si ces espérances sont fondées. Pour ma part je pense qu'elles le sont peu et je vais essayer de le démontrer.

A envisager les choses d'un peu haut, les découvertes que je viens d'esquisser n'ont trait en définitive qu'à un seul acte physiologique, à savoir l'action exercée sur les aliments par les menstrues digestives ; mais elles ne nous apprennent rien de nouveau sur la série des autres actes vitaux dont le tube digestif est en outre le siége.

1° Elles ne nous apprennent rien sur la sécrétion de ces mucus, de ces liquides acides ou alcalins dont elles nous ont si bien révélé les qualités. Quelles sont les lois qui président à la formation de ces humeurs ? Quel est le mécanisme de cette formation ? Quelles sont les causes tant extérieures qu'intérieures qui en modifient la quantité ou la nature ? Voilà autant de questions qui n'ont pas été abordées, et dont nous attendons la solution pour être éclairés sur la pathogénie et le traitement d'une foule d'états morbides , depuis l'état bilieux si bien décrit par Sthol , jusqu'à la fièvre jaune ; depuis la diarrhée la plus simple , l'embarras gastrique le plus bénin jusqu'au choléra asiatique. D'où viennent et comment viennent tous ces flux abdominaux si variés et si nombreux , tous ces états saburraux qui compliquent tant de maladies et qui sont eux-mêmes quelquefois des maladies ? Quels sont les moyens de les combattre avec certitude ? Evidemment il y a là des desiderata dont la physiologie n'a point encore donné la clef à la pathologie.

2° Elles ne nous apprennent rien sur le mouvement d'*assimilation* et de *désassimilation* qui se passe dans les parois du canal alimentaire , comme il se passe au sein de tous les autres tissus vivants. En d'autres termes : si les travaux récents des physiologistes expérimentateurs nous ont enseigné comment les organes de la digestion préparent la nourriture du corps , ils ne nous disent rien sur la manière dont ces organes eux-mêmes se nourrissent. Par conséquent ces travaux ne peuvent jeter aucune lumière sur le mode de production des lésions organiques , dont l'appareil digestif est souvent le siége. L'anatomie pathologique , cette œuvre de patience du demi-siècle qui vient de s'écouler , ce monument impérissable où chaque travailleur a apporté sa pierre , l'anatomie pathologique , dis-je , nous a fait

connaître le nombre , la nature , la forme , la marche
de ces lésions , depuis l'inflammation jusqu'au cancer,
depuis l'ulcération jusqu'au ramollissement gélatini-
forme , depuis l'hyperhémie jusqu'à la dothiénentérie ;
mais elle nous laisse encore dans la plus complète igno-
rance des aberrations physiologiques qui les produisent.
Il y a trois âges dans l'histoire de la médecine : l'âge
des symptômes , c'était l'ère des nosologistes ; l'âge des
lésions anatomopathologiques , c'est l'ère que nous
venons de traverser , l'ère des organicistes ; l'âge des
aberrations physiologiques , ce sera l'ère qui commence
à poindre. En effet , pour exercer la médecine avec
succès , il ne suffit pas de connaître les symptômes , il
ne suffit pas de rattacher les symptômes aux lésions
organiques comme nous savons le faire aujourd'hui , il
faut encore connaître le mécanisme de la production de
ces lésions organiques. Car si ces lésions sont la cause
des symptômes , elles ont elles-mêmes leurs causes, et
ce sont ces causes qu'il s'agit désormais de découvrir.
Or, à ce sujet , les découvertes physiologiques qui nous
occupent sont muettes , puiqu'elles sont étrangères au
grand mouvement nutritif interstitiel.

3° Ces mêmes découvertes ne nous disent rien sur
les modes suivant lesquels l'innervation s'accomplit dans
les organes de la digestion ; par conséquent elles ne
peuvent avancer en rien l'histoire des névroses de ces
organes , laquelle néanmoins a déjà fait un pas depuis

les ouvrages de Barras et de Monsieur le professeur Brachet. Cependant, pour être justes, nous devons reconnaître que les physiologistes modernes ne se sont pas
contentés de faire des découvertes chimiques, et qu'ils
en ont fait aussi d'importantes touchant les fonctions
du système nerveux. Ici se rapporte la curieuse expérience faite pour la première fois par Monsieur Claude
Bernard devant la Société de biologie. Ce célèbre physiologiste résèque au niveau du cou le cordon du grand
sympathique sur un lapin ; immédiatement après on
constate une distension considérable des artères et des
veines de l'oreille, puis une élévation de température
dans l'oreille et dans le côté de la tête correspondant à
la portion du nerf coupé. Ici encore se rapporte cette
autre observation du même auteur. On sait qu'il a découvert que le foie sécrète du sucre ; or, il a remarqué
qu'en piquant la moelle allongée un peu plus haut que
le *point vital* de Monsieur Flourens, il détermine le
passage du sucre dans les urines, et qu'en la piquant
au niveau de ce point vital non seulement il ne détermine
plus le passage du principe sucré dans les urines, mais
il l'a fait complètement disparaître, même dans le tissu
du foie. Ces faits nouveaux renferment un haut ensei-
gnement : ils nous montrent que le système nerveux ne
tient pas seulement sous sa dépendance la sensibilité
et la contractilité dont sont animés nos organes, mais
qu'il est en outre le grand régulateur des actes de cir-

culation capillaire, de calorification, de sécrétion, de
composition et de décomposition qui sont sans cesse
produits au sein des tissus et des parenchymes. Plus je
réfléchis à ces découvertes vitalistes en les comparant
aux découvertes chimiques qui font l'objet de ce Mé-
moire, plus je me persuade que celles-là seront pour
les maladies des voies digestives davantage riches en
conséquences pratiques que celles-ci. Et pour m'en con-
vaincre je n'ai besoin que de reporter ma pensée sur le
choléra-morbus. Le symptôme majeur de cette terrible
maladie est une phlegmorrhagie gastro-intestinale exces-
sivement abondante. Eh bien ! quand on songe, d'une
part, qu'à chaque digestion le canal alimentaire (ainsi
que le fait souvent observer Monsieur Claude Bernard
dans ses leçons orales) devient un torrent où se déverse
en quelques minutes, sous forme de salive, de suc
gastrique, de bile, de suc pancréatique, de mucus, le
quart en poids des liquides contenus dans le corps
vivant, lesquels viennent se mêler aux aliments pour
rentrer en partie avec eux dans le torrent de la circu-
lation ; quand on songe, d'autre part, que le système
nerveux est la force motrice qui dirige, accélère, mo-
dère cet afflux remarquable, on ne peut se défendre de
penser qu'il peut suffire d'une modification vitale de
cette action nerveuse pour causer le grand déborde-
ment cholérique. Mais en quoi consiste la modification
de l'action nerveuse ? Les progrès de la physiologie

nous permettent d'élever notre conception jusqu'à elle; ils ne nous disent pas sa nature, ses formes, ses espèces. C'est à la pathologie que cette tâche incombe. C'est à elle de sortir de la voie déjà si explorée de l'organicisme et d'entrer enfin dans la voie du physiologisme, du vitalisme. Non pas du vitalisme ancien, du vitalisme hypothétique qui, avec raison, nous pose sans cesse des X là où nous croyons tout savoir; mais du vitalisme expérimental, analytique, qui peu à peu dégagera les inconnues:

5° Enfin les découvertes qui nous occupent ici, ne nous apprennent rien sur les lois de *sympathie* et de *synergie* qui unissent si puissamment la digestion aux autres fonctions de l'organisme. Par conséquent, à ce point de vue encore, nous n'aurons aucun profit à en retirer.

Après ce dénombrement qui a pour but de montrer ce que les découvertes physiologico-chimiques récentes ne peuvent pas pour l'art de guérir, il me reste à indiquer ce qu'elles peuvent. Elles peuvent deux choses : nous faire connaitre mieux les troubles *chimiques* de l'acte digestif, et nous permettre l'application des principes de la *thérapeutique fonctionnelle* (pour me servir de l'expression devenue célèbre de Monsieur le professeur Bonnet) à diverses maladies du tube digestif. Ainsi apprécices si ces découvertes ne nous apparais-

2

sent plus comme un vaste flambeau qui éclaire tout
un édifice, elles nous apparaissent encore comme des
lumières qui jettent une lueur, seulement sur les objets
placés dans leur sphère de rayonnement.

II.

§ A. *De la salive*.

La salive est fournie par les glandes parotides, sub-linguales et sous-maxillaires. Les cryptes muqueux de la bouche fournissent un mucus qui se mêle à elle ; la muqueuse buccale laisse écouler une espèce de sueur qui en augmente encore la masse. Tous ces liquides réunis constituent la salive *mixte* de Haller.

Jusqu'à ces derniers temps, les physiologistes fai-saient jouer à la salive un rôle mécanique. Ils pen-saient qu'elle avait pour but d'humecter le bol alimen-taire, afin de favoriser son glissement dans le pharynx et l'œsophage. Cette opinion est vraie. En effet, les animaux qui avalent des substances sèches, les bœufs, les chevaux ont des glandes salivaires volumineuses. Les carnassiers au contraire qui avalent des substances humides ont des glandes salivaires peu développées. Les animaux qui vivent dans l'eau n'ont presque pas de glandes salivaires. Pour prouver la chose directement, et non seulement par l'anatomie comparée, MM. Leuret

et Lassaigne, M. Magendie, pratiquaient une ouver-
ture à la partie inférieure de l'œsophage d'un cheval
et recueillaient les bols alimentaires. Par ce moyen,
ils ont reconnu que la paille prend quatre fois son
poids de salive, l'avoine une fois et demie, la farine
d'orge deux fois ; que les substances vertes n'en de-
mandent pas même la moitié de leur poids, les $\frac{48}{100}$
seulement. En un mot, ils ont démontré que pour les
substances sèches il faut beaucoup de salive, et que
pour les substances humides il en faut peu. On est
donc en droit de conclure que ce liquide joue un
rôle mécanique. Mais ne joue-t-il pas aussi un rôle
chimique ? Telle est la question que se sont posée
les expérimentateurs modernes. On avait d'abord pensé
que la salive qui mousse facilement, c'est-à-dire qui
absorbe facilement l'air, introduisait ce gaz dans l'estomac pour en rendre possible les fonctions chimiques. Mais ce n'était là qu'une hypothèse et c'est de
nos jours seulement que la salive a été étudiée expérimentalement au point de vue chimique.

En 1825, Montègre essaya de démontrer que le suc
gastrique n'existait pas, que le liquide appelé de ce
nom n'était que de la salive accumulée dans l'estomac.

Leusch, en Allemagne, en 1839, prouva que la salive avait une action chimique sur les digestions. Pour
cela, il mit de la fécule hydratée en contact avec elle,
et il reconnut que cette fécule ne tardait pas à se con-

vertir en dextrine et en glucose, car le mélange ne se colorait plus en bleu par l'iode.

M. Mialhe, en 1846 ne se contenta pas d'essayer l'action de la salive sur les fécules seulement, il l'essaya sur tous les aliments. Alors il reconnut que son action sur la fécule est incontestable, qu'elle la rend soluble en la transformant en dextrine, mais que cette action est nulle sur les substances azotées et sur les substances grasses. Voyant que la salive en contact avec les matières amylacées donnait les mêmes résultats que les *ferments*, M. Mialhe chercha à découvrir quelle était en elle le principe qui agit comme ferment. Tout le monde sait que si on concasse de l'orge germée, qu'on la dissolve dans de l'eau, on obtiendra par l'alcool un précipité formé par une poudre blanche susceptible d'être recueillie sur un filtre. C'est cette poudre blanche qui a la propriété de faire fermenter la fécule et le sucre, c'est elle qui est le principe actif du levain du pain et de la levure de la bière, c'est elle qui est le ferment. Elle a reçu le nom de *diastase*. Une fois recueillie sur un filtre, on peut la redissoudre dans de l'eau simple et cette eau jouit de toutes les propriétés fermentescibles. M. Mialhe a pris de la salive clarifiée ; il l'a traitée par l'alcool et une poudre blanche s'est précipitée. Cette poudre blanche, recueillie sur un filtre, a pu être redissoute dans de l'eau, et cette eau a converti la fécule en sucre, absolument comme la

salive. C'est ainsi que M. Mialhe a découvert une seconde *diastase* qu'il a appelée *diastase animale*.

Mais une autre question se présentait : la salive
fournie par une glande est-elle la même que celle fournie
par une autre glande, ou que la salive mixte? M. Mialhe
voulant reconnaître si la salive des animaux avait la
même action que celle de l'homme, se procura de
cette humeur en coupant le canal de sténon de la
parotide d'un cheval, et il arriva à ce fait, qu'elle
ne convertissait pas la fécule en glucose. De là il
conclut que la salive des animaux n'avait pas la même
action que celle de l'homme. Mais il y avait là évi-
demment une contradiction. Il fallait, dit M. Magendie,
comparer la salive *mixte* du cheval à la salive *mixte*
de l'homme. C'est ce que ce dernier fit. Pour se pro-
curer de la salive mixte du cheval, il pratiqua une ou-
verture à la partie inférieure de l'œsophage, donna du
foin bien sec à manger à l'animal, recueillit les bols
qui s'échappaient par la fistule artificielle, et les ex-
prima dans un vase. Il put ensuite reconnaître que la
salive mixte du cheval a sur l'amidon la même action
que la salive mixte de l'homme.

La question en était là lorsque M. Claude Bernard
se procura isolément de la salive de chacune des glandes
salivaires d'un chien, et reconnut que la salive paro-
tidienne, pas plus que la salive sublinguale et sous-
maxillaire n'avait isolément de l'influence sur l'eau

amidonnée. Cependant la salive *mixte* du chien a de l'influence. Où est donc situé le principe actif, d'où provient-il? M. Claude Bernard a trouvé qu'il provient de la muqueuse buccale, de son épithélium qui est dissous par la salive venant des glandes. Pour le démontrer, il fit macérer dans de l'eau un lambeau de muqueuse buccale, et cette eau jouit des mêmes propriétés que la salive. D'un autre côté, on sait que les ferments ne se développent qu'au contact de l'air ; par conséquent, il est naturel de penser que le ferment de la salive ne peut venir de l'intérieur des glandes. Ainsi donc, c'est de la muqueuse buccale que vient le ferment.

Telles sont les phases par lesquelles a successivement passé cette question.

§ B. *Suc gastrique.*

Le suc gastrique pur, débarrassé du mucus et des principes étrangers qu'il a pu dissoudre, est un liquide transparent, inodore et *constamment acide.* Réaumur, Spallanzani, Tiedmann et Gmelin, Leuret et Lassaigne, ont démontré cette acidité pour les quatre classes de vertébrés. Beaumont sur son Canadien a constaté qu'il en est de même pour l'homme et M. Claude Bernard a reconnu que l'estomac présente une réaction acide même avant la naissance. Voici l'exposé succinct des recherches de ce savant à ce sujet.

Chimiquement, le suc gastrique contient des principes de deux espèces : les uns essentiels, les autres accessoires. Parmi les premiers, nous trouvons : 1° un principe organique que l'on peut considérer comme un ferment, et qui est pour les aliments azotés ce qu'est la diastase pour les fécules. Il a reçu divers noms. Le plus usité est celui de *Pepsine* qui lui a été donné par Eberlé. Traitée par l'alcool absolu, par les sels de mercure ou de plomb, cette pepsine précipite en une poudre blanche. M. Payen l'a obtenue par le vide et l'a appelée *gastérase* pour rappeler par la désinence l'idée de *diastase*. Elle est soluble dans l'eau et lui donne des propriétés digestives. Comme tous les ferments, elle ne jouit de ses vertus qu'à une certaine température. Un degré trop inférieur la trouve inactive, une chaleur trop élevée la détruit ; 2° pour que la pepsine agisse, il lui faut (toujours à l'instar des ferments) un certain *milieu*, il lui faut un milieu acide, or, c'est cet acide qui constitue le second principe actif du suc gastrique. Si on le neutralise par un alcali, les digestions artificielles ne se font plus. Un acide quelconque peut servir de milieu à la géastérase, habituellement c'est l'acide lactique dans l'économie animale ; mais si on le remplace par de l'acide chlorhydrique, acétique ou butirique, les digestions artificielles se produisent tout aussi bien. Il n'est donc pas étonnant que les chimistes aient si longtemps cherché le véri-

table acide de l'estomac, qu'ils l'aient cru si longtemps
acétique, butirique, chlorhydrique , puisqu'à nos repas
nous ingérons tantôt de l'un, tantôt de l'autre, tantôt
de tous à la fois.

En contact avec les aliments azotés, le suc gastrique
donne toujours les mêmes résultats. On a observé que
dans les premiers moments il les gonfle, les hydrate ;
les bords des morceaux en digestion deviennent trans-
parents, gélatiniformes, et si on les remue ces bords
se détruisent, se fondent. Cette destruction s'opère de
la périphérie au centre. Une fois dissous de cette manière, la fibrine, le caseum, le gluten, l'albumine, etc.
perdent tous leurs caractères chimiques, ils sont entièrement décomposés. Parmi les conditions qui favorisent cette décomposition, nous trouvons la chaleur.
Depuis zéro degré jusqu'à $+$ 10 degrés, les propriétés
digestives du suc gastrique sont nulles. Son action
devient de plus en plus évidente jusqu'à $+$ 38°
et même jusqu'à $+$ 40°, c'est-à-dire jusqu'à la température normale du corps animal. A ce point, elle
acquiert son maximum d'intensité ; car vingt grammes
du suc gastrique peuvent alors dissoudre vingt grammes
de viande en dix ou douze heures dans un vase inerte ;
mais dans un estomac vivant il faut trois fois moins
de temps, deux heures et demie ou trois heures suffi-
sent ordinairement. A $+$ 50°, l'action du suc gastrique
se perd entièrement. Lorsqu'on l'a congelé, si on le

réchauffe, il peut digérer encore, mais si on élève sa température, à ＋ 90° on a beau le refroidir lentement, il a perdu définitivement ses propriétés. Il doit en être ainsi, puisque tous les ferments sont détruits par une chaleur trop forte.

Examinons maintenant l'action de cette menstrue digestive, que nous venons de définir, sur les principaux genres d'aliments.

(A). *Fibrine*. — Nous n'avons rien à ajouter à ce que nous venons de dire de l'action générale.

(B). *Albumine*. — Elle se présente sous deux états: crue et liquide, cuite et concrète. L'albumine liquide passe rapidement de l'estomac dans l'intestin grêle sans se coaguler, car l'acide du suc gastrique est trop faible pour lui faire subir ce changement d'état ; mais elle a néanmoins été en quelque sorte digérée. Ce qui le prouve, c'est que si on met de l'albumine liquide dans du suc gastrique, en une heure, une heure et demie, elle perd la propriété de se concréter par la chaleur et l'acide nitrique ; elle a donc été *digérée sans être coagulée*. — L'albumine concrète est indigeste, il faut cinq ou six heures pour sa digestion dans un estomac.

(C). *Caséine*. — Elle se présente également sous deux états: liquide comme dans le lait, concrète comme dans le fromage. Mais : « *quand on boit du lait on digère* « *du fromage* », a dit J.-J. Rousseau. C'est-à-dire que la caséine du lait se concrète rapidement sous l'influence de l'acide de l'estomac, témoin la présure dont on se sert pour faire les fromages, laquelle est obtenue au moyen d'une macération d'estomac de veau. En présence de cet acide, le sucre de lait se transforme en acide lactique et la caséine se coagule. Cette dernière est ensuite promptement imbibée par le suc gastrique, puis elle tombe en pulpe, en grumeaux très-ténus, perdant, comme la fibrine et l'albumine, ses propriétés chimiques.

(D). *Gluten.* — Nous le trouvons à l'état de pâte, ou à l'état de pain. Le gluten, sous forme de pâte, se fond dans le suc gastrique sans imbibition préalable ; ceci tient à ce qu'il est déjà presque liquide, visqueux, humide. Mais à l'état de pain, il faut nécessairement qu'il soit imbibé, hydraté, gonflé avant de se dissoudre.

(E). *Gélatine.* — Cette substance a été longtemps regardée comme très-nourrissante. Au commencement de ce siècle, Darcet l'obtint facilement des os sous forme de feuilles, et l'on conçut alors l'espérance d'en faire un aliment populaire, des soupes économiques. Après quelques expériences tentées dans ce sens, les avis se trouvaient partagés. L'Académie de médecine soumit la question à une commission , dont Monsieur Magendie était président et Monsieur Bernard préparateur. Cette commission nourrit d'abord des animaux exclusivement avec de la gélatine : ils moururent. On en conclut qu'*une substance donnée seule en aliment ne peut entretenir la nutrition.* Des expériences nombreuses furent faites pour vérifier cette proposition , qui , par ricochet, demeura acquise à la science. Néanmoins il fut reconnu que la gélatine était, de toutes les matières alimentaires , celle qui donnée *seule* laisse mourir le plus vite et dans le plus grand état d'émaciation. Cependant la question de la digestibilité de la gélatine restait indécise. Monsieur Darcet , son champion , ne trouvait pas les expériences concluantes : il voulait qu'on donnât la gélatine sous une forme agréable , et pour cela il proposait de préparer la fameuse soupe économique avec de l'eau , de la gélatine , de la graisse d'oie et des carottes. Ainsi composée , elle coûtait pour le moins aussi cher qu'une autre , et c'était là seulement ce qu'on voulait éviter. Messieurs Bernard et Bareswil reprirent la question et la résolurent d'une manière scientifique et irréfragable. Injectez dans les veines un aliment dissous dans le suc gastrique , vous ne le retrouverez pas dans les urines, car il a été décomposé par la menstrue digestive ; par contre , injectez dans les veines un aliment dissous , mais non digéré , vous le retrouverez dans les urines. *C'est donc le caractère de l'aliment d'être soluble dans le suc gastrique et de disparaître dans le sang.* Partant de ce principe, qui dès lors est resté, aussi, par ricochet, acquis à la science, les deux expérimentateurs que je viens de citer purent sûrement déterminer la valeur nutritive de la gélatine. Ayant pris de la gélatine pure, l'ayant fait dissoudre dans le suc gastrique, ils l'injectèrent dans les veines et la retrouvèrent dans les urines. Donc elle n'est pas un aliment. Mais, objectait-on, cette injection dans les veines est une opération qui rend l'animal malade, et il n'est pas étonnant qu'il ne digère pas la gélatine. Alors Messieurs Bernard et Bareswil se soumirent eux-mêmes au régime gélatineux, et ils retrouvèrent constamment la gélatine dans leurs urines. Cependant quand nous mangeons cette substance incorporée aux tissus, aux jeunes viandes, aux pieds de veau, etc., elle ne se retrouve pas dans les urines. Pourquoi donc celle obtenue par Monsieur Darcet s'y retrouve-t-elle? Pourquoi n'est-elle pas digestible? C'est probablement parce qu'étant extraite des os sous forme de feuilles au moyen de la marmite de Papin, ce mode de préparation ne peut manquer de l'altérer. Monsieur Thénard faisait déjà cette réflexion à priori lorsque la question fut portée pour la première fois à l'Institut.

Passons maintenant à l'examen de l'action de l'es-

tomac sur les substances non alimentaires qui y sont
habituellement introduites.

(A). *Ligneux.* — Le ligneux fait partie de notre nourriture sous forme d'écorce de haricots et de toute espèce
de graines. Le suc gastrique n'a aucune action sur lui.
Il faut donc que les graines soient dépouillées de leur
pellicule pour être digérées. Voilà pourquoi elles sont
quelquefois rendues intactes par les animaux granivores
qui deviennent ainsi des semeurs dont la nature se sert
pour transporter au loin certains germes. Ces graines,
échappées à la digestion, sont cependant un peu gon-
flées. Depuis Spallanzani on pense que ce gonflement
est tout simplement un commencement de germination,
ce physiologiste ayant remarqué que ces graines,
une fois confiées à la terre, levaient plus vite que les
autres.

(B). *Substances métalliques.* — Le *fer*, à l'état de
limaille étant insoluble, n'a une action sur l'économie
qu'à la condition d'être attaqué par le suc gastrique. Il
se forme alors un lactate de fer soluble qui se produit
même très-rapidement avec dégagement d'hydrogène.
— Le *cuivre*, étant attaqué de la même façon, devient
vénéneux. Nous pouvons donc augmenter l'action médi-
camenteuse du premier et diminuer l'action vénéneuse
du second en augmentant ou en diminuant la sécrétion

du suc gastrique. C'est ainsi que le fer doit être admi-
nistré au commencement des repas, parce que les
aliments provoquent une abondante sécrétion de suc
gastrique non encore employé. — L'or , l'argent, le
platine ne sont pas attaqués.

(C). *Ferments*. — Sont-ils modifiés ou non par le suc
gastrique ? M. C. Bernard a laissé de la *diastase d'orge*
dans du suc gastrique , et il a reconnu qu'au bout d'un
certain temps elle perd la propriété de transformer
l'amidon en dextrine et en glucose, La *levure* de bière,
placée dans les mêmes conditions , perd la propriété de
convertir le glucose en alcool. — Certains *venins* perdent aussi , dans ce cas , leur force malfaisante. Pour
démontrer ce dernier point, M. Bernard se sert ordinairement du *curare*. Ce curare est un poison extrait
d'une liane et mêlé avec du venin de certains serpents.
Les sauvages s'en servent pour empoisonner leurs
flèches de chasse. Ils mangent impunément la chair des
animaux qu'ils ont tués par ce moyen , tandis que la
moindre piqûre qu'ils se font avec leurs armes leur
fait courir les plus grands dangers. D'où il suit qu'à
priori nous pouvons affirmer que l'estomac décompose
le venin subtil. M. Bernard se plait à démontrer souvent, par expérience , cette affirmation. Il fait manger
à un lapin une quantité assez considérable de curare ,
et l'animal n'en est nullement indisposé. Il introduit .

ensuite , sous la peau d'un autre lapin , une parcelle
minime du même poison avec la pointe d'une lancette ,
et l'animal meurt en trois ou quatre minutes. — L'ana-
logie me conduit à penser qu'il doit en être de même
des *virus* que des *venins*, et je m'explique pourquoi, à
ma grande indignation , j'ai vu souvent nos paysans
manger, sans en être malades, la chair de vaches et de
bœufs morts du charbon.

(D). *Sels.* — Les sels à acide fort ne sont pas attaqués
par le suc gastrique ; mais les sels à acide faible ,
comme les cyanures et les citrates , le sont facilement.
Dans ce dernier cas un lactate se forme et il y a de
l'acide prussique ou citrique mis en liberté. C'est par
ce mécanisme que les cyanures sont si vénéneux. Le
sublimé corrosif tue lentement en 24 heures environ ;
le cyanure de mercure aux mêmes doses tue comme la
foudre. Dans le premier cas il y a empoisonnement par
un sel de mercure , tandis que dans le second il y a
empoisonnement par l'acide prussique. D'où il faut conclure que les médicaments salins à acide faible doivent
être administrés à jeun.

Après avoir étudié les aliments au point de vue de
leur séjour dans l'estomac , M. Bernard les a encore
étudiés au point de vue de leur sortie de cet organe. Il
a constaté que la *viande* y reste en moyenne trois heures
avant d'être complètement digérée ; que les *pommes de*

terre et leurs analogues n'y demeurent qu'une heure environ , et en sortent presque dans le même état qu'elles y sont entrées , attendu que leur transformation en produits assimilables doit s'opérer plus bas. L'habile expérimentateur s'est assuré de tous ces faits avec précision en tuant des animaux en digestion de ces divers aliments. Ces observations importantes avaient déjà été signalées , il y a plusieurs années , par Lallemand de Montpellier qui avait remarqué que *certains* aliments n'éprouvent que peu d'altération avant de franchir le pylore. Ses remarques , à ce sujet , sont consignées dans une de ses thèses ; il les avait recueillies à l'Hôtel-Dieu sur des cas d'anus contre nature. Selon lui les *matières végétales sortent de l'estomac plustôt que les matières animales.* N'étant pas éclairé par la théorie nouvelle , il en avait conclu que les premières étaient les moins nutritives , parce qu'elles étaient expulsées presque intactes dans le duodenum. Nous pouvons apprécier aujourd'hui tout ce qu'il y avait de juste dans son coup-d'œil d'observateur , et tout ce qu'il y avait de faux , à cause de l'époque , dans sa manière de raisonner.

Un dernier point important de l'histoire du suc gastrique est l'étude des circonstances qui augmentent ou diminuent sa sécrétion. Les acides la retardent et la diminuent ; les alcalis la provoquent et l'avivent. Chez deux chiens munis d'une fistule gastrique artificielle et sensiblement placés dans les mêmes conditions, si l'on introduit par la fistule dans l'estomac de l'un d'eux un bol de viande hâchée, auquel on aura préalablement communiqué une réaction acide par l'addition d'un peu de vinaigre, et dans l'estomac de l'autre animal un semblable bol rendu alcalin par une faible dissolution de carbonate de soude, on verra la digestion s'effectuer plus vîte chez ce dernier que chez le premier; et si l'on récolte le suc gastrique qui se produit dans ces deux expériences, on trouvera toujours que la quantité fournie par le chien au bol alcalisé est plus considérable tandis qu'elle est notablement diminuée dans le cas où l'aliment est acidulé. Les observations de Beaumont sur l'homme sont concordantes avec ce résultat : elles nous apprennent que les aliments qui sont alcalins par leur nature, tels que l'albumine d'œufs crue, les huîtres, etc. sont d'une facile digestion, tandis que les fruits verts et acides sont dans le cas contraire.

§ C. *De la bile et du suc pancréatique.*

(*a*). *Bile.* La bile est-elle un liquide simplement excrémentitiel? Joue-t-elle un rôle actif dans la digestion? Quel est ce rôle? Ces questions longtemps débattues ont reçu enfin un commencement de solution. M. Claude Bernard, par ses expériences nouvelles et ingénieuses a démontré que la bile a pour buts : 1° de dissoudre

complètement les substances azotées qui n'ont été que
désagrégées et réduites en très-petits grumeaux par le
suc gastrique ; 2° d'empêcher la transformation alcoo-
lique du sucre qui est formé dans l'intestin grêle ;
3° de rendre plus énergique l'*action émulsive* du suc
pancréatique sur les corps gras.

(*b*). *Suc pancréatique.* Ce fluide jouit de deux propriétés bien remarquables : 1° il agit sur les fécules à
la manière de la diastase et de la salive ; 2° il est des-
tiné, *à l'exclusion de tous les autres liquides intestinaux*,
à digérer, à émulsionner les huiles et les graisses conte-
nues dans les aliments et à permettre de cette manière
la formation et l'absorption du chyle par les vaisseaux
lactés. Nous devons la découverte de cette seconde
propriété à **M.** Claude Bernard qui l'a déduite d'expériences aussi brillantes que concluantes, et qui sont
assez connues aujourd'hui pour que je me dispense de
les relater ici. Il a démontré en même temps que le
chyle blanc, laiteux qui est absorbé par les chylifères
et qui va se rendre aux ganglions mésentériques est
uniquement formé par les matières grasses émul-
sionnées, tandis que le produit de la digestion des
aliments albuminoïdes et féculents est absorbé par
les radicules de la veine porte qui le transmet au
foie pour servir de matériaux à la *glucogénie* dont cet
organe est le principal laboratoire.

Je ne comprendrai point dans mon sujet cette ma-
gnifique découverte de la glucogénie hépatique, parce
qu'elle est relative à l'*assimilation* et non à la *digestion*. Or, aux termes de la question posée par la
Société de Médecine de Lyon, cette dernière fonction
doit seule nous occuper.

III.

I.

« La suppression de tout acte fonctionnel doit être
« transitoire. Après un temps variable, lorsqu'elle a été
« appliquée à des états aigus, elle doit être remplacée
« par l'exercice des fonctions. Mais quelles sont, parmi
« ces dernières, celles qu'on doit mettre en jeu? On
« n'a guère conseillé jusqu'à présent que le fonction-
« nement complet. » (*Traité de thérapeutique des maladies articulaires*, introduction, p. 3). Éclairés par les
découvertes dont je viens de donner un abrégé, nous
pouvons appliquer cette grande idée de M. le professeur Bonnet à la diète et au régime.

II.

*Toutes les fois que l'intestin grêle est souffrant ou a
été souffrant, il faut, autant que possible, le laisser en*

repos et confier le travail de la digestion à l'estomac.
C'est-à-dire que dans ces cas il faut nourrir les malades
avec des substances azotées albuminoïdes et le priver de
substances féculentes et grasses.

Ce précepte me paraît devoir être surtout utile dans
la direction du régime des convalescents de fièvre typhoïde. Quel praticien n'a éprouvé la douleur de per-
dre des sujets qui, après avoir échappé aux nombreux
accidents de cette grave maladie, succombaient à une
inflammation consécutive, à une ulcération secondaire,
à une perforation de l'intestin? Presque toujours alors
la rechute a lieu à la suite d'un écart de régime, d'un
repas intempestif, et j'ajoute : d'un repas antiphysiolo-
gique. Dans les mois d'octobre et de novembre de l'année 1854, j'ai traité 35 fièvres typhoïdes épidémiques,
et sur ce nombre j'ai vu 22 malades arriver à la conva-
lescence. Ces 22 convalescents furent soumis à un régime exclusivement azoté. Je leur permettais des bouillons dégraissés, des consommés, des soupes de pain
cuit, des sauces au jus, des viandes rôties. Je leur dé-
fendais sévèrement les soupes à la farine jaune, au riz,
à l'orge, à la godelle, aux pommes de terre. Je pres-
crivais surtout les haricots, les lentilles, les plats féculents cuits au four dont mangent souvent les habitants
des campagnes. Or, sur ces 22 cas je n'ai eu que deux
rechutes, et ces deux exceptions sont venues précisément confirmer la règle. Pour la première, il s'agissait

du fils d'un fermier, âgé de 19 ans, qui à la suite d'une fièvre typhoïde de trente jours, commençait depuis une semaine à bien aller et à prendre une légère nourriture albuminoïde : des bouillons de veau et de poulet, des consommés, du blanc de volaille, des fruits cuits. Sous l'influence de ce régime la marche du mieux n'était point entravée, lorsque tout à coup de nouveaux accidents se déclarèrent. Le malade avait absolument voulu manger de la soupe commune de la ferme, qui ce jour-là était aux pommes de terre et aux fèves. Les parents, malgré mes avertissements à l'endroit des farineux, avaient eu la faiblesse de consentir à son envie en disant : « *Ce que le corps désire ne fait jamais mal au corps.* » Leur imprudence fut bien punie, car à la suite de ce repas défendu, il y eut dans l'*intestin grêle une indigestion* avec borborygmes, diarrhée, selles muqueuses où se faisaient remarquer des *morceaux de pommes de terre* presque intactes. Une fièvre lente s'alluma, le ventre se ballonna de rechef, l'amaigrissement fit de nouveaux progrès et après dix jours de souffrance et de tendance au marasme, le malade succomba brusquement avec tous les symptômes d'une péritonite intercurrente qui me fit penser à une perforation intestinale.

Pour la seconde exception il s'agissait d'une jeune fille âgée de 18 ans, convalescente d'une fièvre typhoïde de plus de quarante jours. Après un mieux de dix jours, comme elle marchait franchement vers la santé, elle éprouva une *indigestion intestinale,* pour avoir mangé une soupe d'orge et de gaudelle au lait. Plus heureuse que le sujet de la précédente observation elle en fut quitte pour quelques accidents abdominaux qui simulèrent une rechute.

Voici une observation d'un autre genre également propre à démontrer la proposition que je soutiens en ce moment. — La femme C..., mariée à un ouvrier, âgée de 29 ans, d'un tempérament bilioso-nerveux avec constitution faible, mère de deux enfants dont le plus jeune est encore à la mamelle, occupée aux soins de son ménage, habite une vallée marécageuse. L'année dernière (1854), elle fut prise en juillet d'une fièvre intermittente tierce, coupée après le troisième accès par le sulfate de quinine à dose modérée. Cette fièvre récidiva en octobre et en décembre de la même année ; chaque fois elle fut coupée promptement et sans abus par le sulfate de quinine. Depuis elle n'est pas revenue. Cependant la femme C... est restée maigre, elle trouve son travail journalier trop fatigant, elle se plaint surtout du poids de son plus jeune enfant qu'elle est obligée de porter souvent à ses bras, elle digère péniblement, son ventre *crie.* dit-elle, une ou deux heures après qu'elle a mangé, et elle éprouve alors des tiraillements dans le bas-ventre et des nausées. Les selles sont normales, le pouls et la chaleur de la peau n'indiquent aucun état fé-

brile. Ces malaises paraissent pendant deux ou trois jours
pour disparaître pendant une semaine et pour revenir
ensuite sans cependant affecter une marche régulière-
ment intermittente. A chaque apparition nouvelle ils
semblent avoir acquis une intensité plus grande. Consulté alors (février 1855) par la femme C..., je lui prescrivis : de se coucher tôt, de se lever tard et de prendre pendant quatre jours consécutifs, demi-heure avant
le dîner, une prise de magnésie anglaise, de rhubarbe
et d'écorce du Pérou en poudre. Cette médication sem-
bla la soulager pendant quelque temps ; mais après une
vingtaine de jours les mêmes symptômes se reprodui-
sirent plus prononcés encore que par le passé. La malade, de son propre chef, se soumet au même traitement.
Elle en retire de nouveau un soulagement momentané.
Néanmoins les malaises décrits plus haut revinrent encore et vers la fin du mois d'avril ils prirent un caractère bien digne de fixer mon attention. Dès lors ils se
montrèrent sous la forme d'une *crise* qui durait environ
vingt-quatre heures et qui éclatait assez brusquement
lorsque la malade avait trop travaillé, ou lorsqu'elle avait
éprouvé des contrariétés morales, ou lorsqu'elle avait
mangé, disait-elle, *des choses qui ne lui convenaient pas*.
Voici le détail de ces crises : facies excavé, sensation d'un
tiraillement dans le bas-ventre, borborygmes bruyants
se faisant entendre sur plusieurs points de cette cavité,
tension des parois de l'abdomen sans météorisme, *mou-*

vements serpigineux des intestins appréciables d'abord
au toucher, puis à la vue qui peut distinguer leurs formes et leurs contorsions, nausées, vomissements glai-
reux peu abondants, pas de selles, pas de fièvre. Après
une durée de vingt heures en moyenne et sous l'influence d'une potion opiacée ce désordre cessait peu à
peu. Le lendemain, quoique faible, la malade pouvait
commencer à sortir du lit. Dès les premières crises je
crus avoir à faire *à une fièvre intermittente larvée* et
j'eus recours à la médication antipériodique qui échoua.
Pensant ensuite être en présence d'une de ces obstruc-
tions consécutives aux fièvres d'accès, dont il est si
souvent fait mention dans les anciens auteurs, j'em-
ployai la médication fondante et je fis prendre à la femme
C... une solution de bicarbonate de soude (4 grammes
par litre) pendant quinze jours. Son état n'en fut pas
amélioré. Les convulsions intestinales revenaient à des
époques de plus en plus rapprochées. Je me trouvais
tout à fait dérouté lorsqu'au 24 juin dernier une crise
plus forte que toutes les précédentes vint me présenter
une indication. La femme C..., à la suite d'un repas où
elle avait mangé *des pommes de terre*, fut prise de
convulsions intestinales tellement violentes que sa figure
était grippée comme celle d'un cholérique, qu'on voyait
au travers des parois du ventre ses entrailles se tordre
comme des serpents et qu'elle vomissait des matières
comme dans un cas de hernie étranglée. Je prescrivis

une potion fortement laudanisée, des frictions sur l'abdomen avec une pommade contenant de l'extrait de belladone et cette crise se dissipa comme les autres. Vingt-quatre heures après tout était rentré dans l'ordre, si ce n'est que la malade encore affaiblie eut trois selles diarrhéiques au milieu desquelles il était facile de remarquer des parcelles *de pommes de terre mal digérées.* C'est alors que l'idée me vint de soumettre la malade à un régime exclusivement albuminoïde, c'est-à-dire de faire travailler son estomac et de laisser reposer autant que possible ses intestins grêles qui, par leurs contorsions durant les crises, montraient assez qu'ils étaient le siége principal de la maladie. Depuis cette époque la malade semble engraisser un peu et du 20 juin au 25 juillet, moment où je mets la dernière main à ce travail, elle n'a pas éprouvé de crise. Cette observation est doublement intéressante. 1° Elle vient à l'appui du précepte formulé plus haut ; 2° elle prouve que les voies digestives sont sujettes à des *névroses du mouvement* qui ne sauraient s'accommoder des dénominations, peut-être trop usitées aujourd'hui, de gastralgie et d'entéralgie, mots dont la désinence rappelle l'idée de névrose de la sensibilité.

III.

Toutes les fois que l'estomac est souffrant ou a été

*souffrant, il faut autant que possible le laisser en
repos et confier le travail de la digestion à l'intestin
grêle.* C'est-à-dire que dans ce cas il faut nourrir le
malade avec des substances féculentes, et le priver
d'aliments azotés. Je n'ai pas besoin de dire que ce
régime n'évite point à l'estomac la fatigue de la réplétion et de la déplétion, et qu'il a pour but de lui
éviter seulement la fatigue de l'élaboration chimique.
Cependant je ferai remarquer qu'il est possible jusqu'à
un certain point d'atténuer le travail de réplétion et
de déplétion par des repas moins copieux et plus souvent répétés. Ce précepte trouvera surtout son application dans les cas de gastrite chronique, d'ulcération
de l'estomac, de névrose et de dyspepsie portant plutôt
sur cet organe que sur les intestins. Voici le résumé
d'une observation qui en fera entrevoir l'importance.

En 1851, M. X était atteint depuis plusieurs années
d'une gastralgie chronique hypochondriaque. Je ne le
vis qu'en passant à l'occasion d'une de ses tournées.
Il était maigre à faire peur, ne prenait qu'une nourriture très-légère, et encore en tremblant à chaque repas de se rendre plus malade. Le pouls n'indiquait
aucun état fébrile. Tous les modes de traitement avaient
été essayés, depuis la méthode antiphlogistique jusqu'à
la méthode de la côtelette de mouton et du vin de
Bordeaux; depuis l'eau alcaline de Vichy jusqu'à l'eau
acide de Saint-Galmier, toutes, disait-il, avaient

échoué. Consulté par lui, je ne fus préoccupé que de cette pensée : *l'estomac souffre*. Partant de là, je lui conseillai un régime féculent : des bouillons au tapioka, des soupes farineuses, des bouillons sucrés au riz, des pommes de terre sous toutes les formes, etc. Je lui demandai en outre s'il se trouvait bien de cette alimentation, de s'habituer peu à peu à un autre genre de nourriture, de commencer par des pains cuits, des jus de viande, pour s'élever graduellement jusqu'à la côtelette, au bœuf rôti et au gibier qu'il regardait comme ses ennemis. M. X a suivi ce régime, peu à peu ses digestions se sont rétablies et depuis longtemps il est gai, frais et engraissé.

IV.

Quand à la suite d'une grave maladie, d'un grand épuisement et d'une longue diète, tout le canal alimentaire a perdu l'habitude et la force de digérer, il ne faut pas le ramener brusquement à son fonctionnement complet, mais bien avec gradation et méthode. Ce précepte qui découle du bon sens plutôt que de la science a été de tout temps admis sous cette forme : augmenter peu à peu la nourriture qui sera d'abord très-*légère* pour devenir ensuite plus *substantielle*. Qu'est-ce qu'une alimentation légère? Qu'est-ce qu'une alimentation substantielle? Ces vieux termes ne sont ni assez explicatifs ni assez rigoureux. Nous pouvons aujourd'hui les remplacer par des formules plus précises , plus physiologiques. Les aliments peuvent être échelonnés en trois groupes : 1° aliments immédiatement absorbables ; 2° aliments qui ont besoin de subir une décomposition chimique avant d'être absorbables ; 3° aliments qui ont besoin d'être hydratés, gonflés, désagrégés, avant de subir une décomposition chimique et d'être absorbables. Les premiers sont d'une digestion facile puisqu'ils ne nécessitent qu'un acte ; les seconds sont d'une digestion plus difficile puisqu'ils nécessitent deux actes, les troisièmes sont d'une digestion très-difficile puisqu'ils nécessitent trois actes. Avec ces données il est possible de graduer scientifiquement le régime des malades. Nous commencerons par l'eau gommée, le lait d'ânesse qui contient peu de beurre , peu de caséine et beaucoup de sucre de lait; par les bouillons de poulet, les consommés, les jus de viande qui renferment de l'osmazome en dissolution. Nous passerons ensuite aux pains cuits , aux chocolats divers, aux pâtes apprêtées, aux fécules cuites étendues d'eau, aux herbages , aux fruits cuits , aux œufs à la coque. Nous arriverons en dernier lieu aux viandes rôties et bouillies, à l'albumine semi-concrète, aux fécules sèches telles que pommes de terre frites, haricots, lentilles, etc. Bien mieux, tout en suivant cette échelle nous pourrons au besoin augmenter ou diminuer l'action de tel ou tel organe digestif, suivant que nous ferons entrer dans le régime une plus ou moins grande quantité de tel ou tel élément alimentaire.

V.

Les préparations ferrugineuses doivent être adminis- trées au commencement des repas parce qu'alors le suc gastrique coulera en abondance, et qu'il n'aura pas en- core été neutralisé par les aliments.

VI.

L'eau de Vichy et les boissons alcalines en général peuvent être maintenant prescrites avec plus de con- naissance de causes que par le passé. — Trois indi- cations se présentent à leur sujet : 1° Provoquer la sécrétion du suc gastrique quand elle est diminuée ; 2° neutraliser l'acidité de ce fluide lorsqu'il a été sé- crété en trop grande abondance ; 3° fluidifier le sang et dissoudre les engorgements organiques. Dans le pre- mier cas les boissons alcalines seront ordonnées au commencement des repas seulement, et à *petites do- ses,* puisqu'il est démontré expérimentalement qu'avec ces précautions elles déterminent un afflux du suc gas- trique qui accourt obéissant à son affinité pour les al- calis. Toutes les fois que j'ai eu des malades atteints d'embarras gastrique, d'état saburral des premières voies, je les ai soumis à cette médication et ils s'en sont bien trouvés. En effet, les états morbides dont je parle sont constitués par la prédominance du mucus qui tapisse la surface intérieure de l'estomac et qui empêche, qui gêne mécaniquement la sécrétion des menstrues digestives. Chasser ces mucus au moyen des purgatifs c'est faire une bonne chose, mais ce n'est faire que la moitié de la besogne, car il faut chasser l'ennemi et appeler l'ami. Dans le second cas elles sont ordonnées le matin à jeun et entre le repas, *à doses concentrées*. Il ne s'agit plus cette fois de provoquer la sécrétion du suc gastrique, il s'agit au contraire de la diminuer et de neutraliser chimiquement les acidités qui ont été déversées dans les voies digestives. Les malades tourmentés par le pyrosis et par des rapports aigres sont ordinairement soulagés par cette médication. La magnésie calcinée unie à la rhubarbe et à une poudre calmante (poudre de Dower) ou à une poudre tonique (poudre d'écorce du Pérou) est dans les cas de ce genre employée avec non moins de succès que les eaux de Vichy. Dans le troisième cas les préparations alcalines seront prescrites largement sous forme de boissons et de bains. On a pour but alors non plus d'agir sur les voies digestives, mais d'agir sur le sang et de combattre ainsi des engorgements viscéraux. Les malades riches sont envoyés aux eaux de Vichy ou à leurs analogues ; je prescris à mes malades pauvres des bains ordinaires que j'alcalinise avec des cendres de vigne, et je leur fais boire de l'eau dans laquelle on a fait dissoudre de 4 grammes à 10 grammes de bicarbonate de soude par litre. Malheureusement les règles que j'indique en ce moment ne sont pas toujours assez prises en considération dans l'emploi de la médication alcaline ; journellement elle est prescrite inconsidérément et l'on voit des malades atteints de gastralgie asthénique, d'engorgements viscéraux avec aménie n'en n'obtenir d'autre résultat qu'une aggravation de leur maladie par le développement de cette *cachexie alcaline* sur laquelle M. le professeur Trousseau a eu raison d'appeler l'attention des praticiens.

VII.

L'ingestion d'aliments et de boissons acides dans l'estomac sera plus convenable à la fin des repas qu'à leur commencement. — Cette proposition se comprend sans peine, puisqu'il est établi que les acides ralentissent et diminuent la sécrétion du suc gastrique. Mais à la fin des repas, quand ce fluide abonde dans le ventricule, les acides favorisent l'action de la pepsine qui demande un milieu de cette nature. Voilà pourquoi, sans s'en rendre compte scientifiquement, les masses ont pris instinctivement l'habitude de manger la salade après les autres mets. Cependant on peut objecter ici que des hors-d'œuvre acides (cornichons, capres, piments, enchoix au vinaigre, etc.) sont pris ordinairement les premiers. Nous répondrons que ces hors-d'œuvre, consommés en petite quantité, ont pour but non pas de surexciter l'estomac, mais d'éveiller le goût et la production de la salive qui est alcaline. Aussi leur abus conduit-il aux dyspepsies stomacales.

VIII.

Il y aurait en thérapeutique un beau travail à instituer pour déterminer avec précision quels sont, parmi les purgatifs, ceux qui favorisent spécialement l'hypersécrétion de la salive, du suc gastrique, du mucus gastro-intestinal, liquide pancréatique et de la bile.

IX.

L'histoire des maladies, appelées ordinairement névrose, des organes digestifs devient chaque jour moins obscure. — Pour ne réveiller aucune susceptibilité de système je dirai, avec M. Durand-Fardel, que le groupe de maladies auquel je fais allusion dans ce moment est constitué « par toutes les affections que « l'anatomie pathologique n'a pas éclairées, soit que

« l'examen des cadavres reste muet , soit que les occa-
« sions de les interroger nous manquent. » Du temps
des nosologistes elles étaient toutes désignées par le
terme générique *de névrose de la digestion.* Les espèces
étaient établies sur la prédominance de tel ou tel symptôme. Par conséquent elles étaient nombreuses et elles
auraient pu l'être davantage. Nous les trouvons décrites
dans la Nosographie philosophique de Pinel , sous les
dénominations suivantes : gastralgie, entéralgie, dyspepsie, hypochrondrie, cardialgie , gastrodynie , crampes
d'estomac , vomissement spasmodique , malacie , pica ,
anorexie , boulimie. Puis vint le règne de Broussais.
Toutes ces variétés furent anéanties comme de viles
entités , et il ne resta plus que la gastrite et la gastro-
entérite aigues ou chroniques. La diète, l'eau de gomme,
les sangsues à l'épigastre constituèrent la base de la
thérapeutique. C'est alors que Barras entra en lice
contre le système souverain. Son livre , qui a eu une
fortune si belle et si méritée , fut surtout écrit en vue
de prouver qu'il n'existait pas seulement des maladies
irritatives et inflammatoires, mais qu'il existe aussi des
maladies nerveuses et fonctionnelles. La gastro-*entéralgie* reparut alors sur la scène médicale à côté de la
gastro-entérite , qu'elle ne cherche point à annihiler,
mais dont elle fut artistement différenciée. Certes ce
fut là une contre-révolution importante : mais l'état de
la science ne se retrouva que ce qu'il était avant. En

effet, les variétés de névroses digestives admises par
Barras sont les mêmes que celles de Pinel. Jusque là
le genre est réhabilité, mais les espèces ne sont pas
mieux connues. Bientôt après M. Brachet, de Lyon,
dans un de ses ouvrages couronnés, commence à
débrouiller ce cahos en démontrant que dans l'*hypo-
chondrie* les accidents débutent quelquefois par les
centres nerveux pour s'irradier sur les voies digestives,
tandis que d'autres fois ils prennent naissance dans ces
dernières pour retentir jusque sur l'encéphale. Voilà
donc, enfin, une espèce instituée. Dans ces derniers
temps plusieurs écrivains pathologistes ont fait des
efforts pour établir les autres espèces de cette obscure
famille des *gastro-entéralgies*. La classification qui, selon
moi, représente le mieux le point où nous en sommes
aujourd'hui sur ce sujet, est celle de M. A. Tardieu. (*Ma-
nuel de Pathologie et de Clinique médicale*, 1848, et
Moniteur des Hôpitaux, 14 juin 1855). Cette classification comprend quatre groupes ainsi dénommés :

1° Gastralgie idiopathique simple et asthénique.
2° Gastralgie idiopathique simple et sthénique.
3° Gastralgie idiopathique compliquée.
4° Gastralgie symptomatique compliquée (nécessairement.)

Evidemment il y a progrès, car chaque espèce au
lieu de correspondre, comme dans Pinel et Barras à un

symptôme accidentel et fugace , correspond maintenant
à un ordre de causes déterminées et à un ordre spécial
d'indications thérapeutiques. Néanmoins ce nouveau
cadre est encore loin de s'adapter à tous les cas qui
se présentent dans la pratique. Tous les jours nous
rencontrons des troubles digestifs qui refusent d'y
entrer, et nous sentons qu'il y a un *genre* à créer, un
genre autre que celui des *névroses* gastro-intestinales.
Or, voilà précisément que les nosologistes modernes
commencent à le proposer. M. Durand Fardel , dont le
bon esprit est bien connu , et qui peut faire autorité en
cette matière , à cause de sa position de médecin à
Vichy, veut qu'on le désigne sous le nom de Dyspepsie.
(Voyez , article dyspepsie du supplément au *Diction-
naire des Dictionnaires de Médecine*). Pour cet auteur
la Dyspepsie n'est plus un nom d'espèce , c'est un nom
de genre ; ce n'est plus comme pour les anciens un symptôme mal déterminé, c'est une maladie typique, un trouble
fonctionnel qu'il importe aujourd'hui de différencier des
souffrances *nerveuses* , comme il a importé à une certaine époque de différencier ces dernières de l'inflammation chronique. Ainsi donc le genre nouveau est
trouvé ! Quelles en seront les espèces ? Telle est la
question que notre époque devra résoudre. Déjà nous
pourrons dire à première vue que le *pyrosis* , constitué
par un excès de suc gastrique, que l'*état saburral*
léger, constitué par un excès de mucus, et qu'il ne

faut pas confondre avec l'embarras gastrique , doivent
être détachés du genre gastralgie , pour rentrer dans le
genre nouveau des dyspepsies. L'observation clinique ,
aidée par les découvertes physiologiques récentes , ne
tardera pas , il faut en avoir l'espérance , à compléter
cette liste de variétés morbides , en tête de laquelle
nous pourrons écrire , dès à présent , ces noms :
Pyrosis , état saburral , dyspepsie pancréatique. J'ai
entrepris quelques recherches dans ce sens, lorsqu'elles
seront plus complètes je m'empresserai de les publier,
si non comme un dernier mot , au moins comme un
spécimen de la route à parcourir.

X.

*L'importance de l'intestin grêle est plus grande qu'on
ne le croyait jusqu'à ce jour.* — La nature des fonctions
de cet organe, son développement primordial chez l'em-
bryon, la disparition successive dans la série des animaux des parties qui le prédèdent ou le suivent, le
danger proportionnellement plus grand des maladies et
des opérations qu'il subit pendant la vie, tout concourt
à établir la prépondérance marquée de l'intestin grêle
sur les autres portions du canal alimentaire. voilà
pourquoi les lésions de la fièvre typhoïde, si légères
qu'elles puissent paraître dans certains cas, produisent de si grands désordres ; voilà pourquoi les

hernies étranglées formées par une anse de cet intestin donnent promptement aux malades qui en sont atteints un facies hippocratique et des vomissements abondants. Quel chirurgien n'a eu plusieurs fois occasion d'observer que parmi les hernies étranglées les unes amènent lentement la mort par les progrès successifs de l'obstruction, de l'inflammation et de la gangrène, tandis que d'autres occasionnent d'emblée des troubles si grands qu'en voyant les malades on croit voir un cholérique à la dernière période : même facies excavé, mêmes vomissements abondants, même algidité, même extinction de la voix. Une fois la hernie réduite par le taxis ces troubles s'en vont aussi vite qu'ils sont venus, et lorsqu'on est obligé de mettre à découvert l'anse intestinale étranglée on est souvent tout tonné de constater que la lésion matérielle n'est pas en rapport avec l'intensité des symptômes physiologiques.